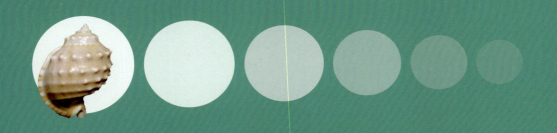

# Seashells' Survival Skills

# 海贝生存术

主编◎魏建功　　文稿编撰◎王洋、张素萍　　图片统筹◎吴欣欣

中国海洋大学出版社
CHINA OCEAN UNIVERSITY PRESS

# 神奇的海贝，
## 带你走进五彩缤纷的海贝世界

　　亲爱的青少年朋友，当你漫步海边，可曾俯身捡拾海滩上的零星海贝？当你在礁石上玩耍时，可曾想到有多少种海贝以此为家？当你参观贝类博物馆时，千姿百态的贝壳可曾让你流连忘返？来，"神奇的海贝"丛书，带你走进五彩缤纷的海贝世界。

　　贝类，又称软体动物。目前全球已知的贝类约有11万种之多，其中绝大多数为海贝。海贝是海洋生物多样性的重要组成部分，其中很多种类具有较高的经济、科研和观赏价值，它们有的可食用、有的可药用、有的可观赏和收藏等。海贝与人类的生活密切相关，早在新石器时代，人们就开始观察和利用贝类了。在人类社会的发展进程中，海贝一直点缀着人类的生活，也丰富着人类的文化。

　　我国是海洋大国，拥有漫长的海岸线，跨越热带、亚热带和温带三个气候带，有南海、东海、黄海和渤海四大海区，管辖的海域垂直深度从潮间带延伸至千米以上。各海区沿岸潮间带和近海生态环境差异很大，不同海洋环境中生活着不同的海贝。据初步统计，我国已发现的海贝达4000余种。　　现在，国内已出版了许多海贝相关书籍，但专门为青少年编写的集知识性和趣味性于一体的海贝知识丛书却并不多见。为了普及海洋贝类知识，让更多的人认识海贝、了解海贝，我们为青少年朋友编写了这套科普读物——"神奇的海贝"丛书。这套丛书图文并茂，将为你全方位地呈现海贝知识。　　"神奇的海贝"丛书分为《初识海贝》、《海贝生存术》、《海贝与人类》、《海贝传奇》和《海贝采集与收藏》五册。从不同角度对海贝进行了较全面的介绍，向你展示了一个神奇的海贝世界。《初识海贝》展示了海贝家族的概貌，系统地呈现海贝现存的七个纲以及各纲的主要特征等，可使你对海贝世界形成初步印象。《海贝生存术》按照海贝的生存方式和生活类型，介绍了海贝在错综复杂的生态环境中所具备的生存本领，在讲述时还配以名片夹来介绍一些常见海贝。《海贝与人类》揭示了海贝与人类物质生活和精神生活等方面的关系，着重介绍海贝在衣、食、住、行、乐等方面所具有的不可磨灭的贡献。《海贝传奇》则选取了10余种具有传奇色彩的海贝进行专门介绍，它们有的身世显赫，有的造型奇特，有的色彩缤纷。《海贝采集与收藏》系统讲述了海贝的生存环境、海贝采集方式和寻贝方法，介绍了一些著名的采贝胜地，讲解了海贝收藏的基本要领，带你进入一个海贝采集和收藏的世界。丛书中生动的故事和精美的图片，定会让你了解到一个精彩纷呈的海贝世界。　　从书中的许多图片由张素萍、王洋、尉鹏、吴景雨、史令和陈瑾等提供，这些图片主要来自他们的原创和多年珍藏。另有部分图片是用中国科学院海洋生物标本馆收藏的贝类标本所拍摄，在此一并表示感谢！限于水平，加之编写时间较为仓促，书中难免存在错误和不当之处，敬请大家批评指正。

张素萍

2015年2月，于青岛

# 前言
## Preface

潮涨潮落，许多贝壳一颗颗散落在海滨沙滩上；灯光明灭，自然博物馆的透明玻璃里，同样沉睡着琳琅满目的海贝——温润光洁的宝贝、造型奇特的凤螺、色彩鲜艳的扇贝……其实，它们也曾经是一个个鲜活的生命，有着自己独特的生存方式。

海贝所生活的世界非常广阔，从终年炎热的赤道到冰天雪地的南、北两极，从寻常可见的沿岸礁石到阴暗神秘的深海底，凡是海水所能触及的区域都有它们的身影。分布区域如此之广，生活环境自然复杂多变。为了更好地繁衍生息，和其他生物一样，海贝形成了不同的生存方式。它们有的爬行在海滩上，有的钻入泥沙中，有的固着或以足丝附着在礁石或其他物体上，有的穴居在木材或岩石中；有的浮游，有的游泳，还有的寄生或共生。这些形形色色的生活方式，给自然界增添了无限的生机和活力。

在不同的生存方式中，海贝练就了神奇的生存术。它们究竟如何行动，如何捕食，如何自卫？它们究竟如何爬行，如何固着，如何游泳？不同生活环境里的海贝有着怎样不同的生存术？不同生存术又具体有哪些代表海贝？翻开《海贝生存术》，谜底——揭晓。

（本书原始图片由张素萍和王洋提供。）

# 目 录
## Contents

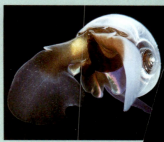

# 自由自在的漫步者
## ——爬行生活的海贝

　　在庞大的海贝家族中，有一个分支为腹足纲，这个分支的大部分成员，都有着发达的腹足，它们可以自由自在地在海滩或海底爬行生活；还有一个更为高级的分支为头足纲，它们中的部分成员也会在泥沙或礁石间爬行生活，如章鱼和鹦鹉螺。下面让我们一起认识一下爬行生活的海贝吧！

## 腹足力气大

腹足纲的大多数海贝腹足发达，可以在不同底质的表面进行匍匐式爬行。爬行的速度以及自身的力量，一定程度上决定了它们的生死存亡。

### 速度和力量的较量

在加勒比海海底，一只郁金香细带螺（我国台湾称"郁金香旋螺"）正在静静地爬行，寻觅小型贝类作为食物。殊不知，危险正在降临。在它身后，一只天王细肋螺（我国

台湾称"天王赤旋螺")正密切关注着它的动向。这只天王细肋螺体形硕大，足足是郁金香细带螺的几倍大。突然，天王细肋螺发起了攻击。郁金香细带螺意识到危险来临，快速爬行，拼命逃跑，一边爬一边跳，想要摆脱被捕食的命运，但天王细肋螺的爬行速度比它快多了，郁金香细带螺很快就筋疲力尽，放慢了速度。天王细肋螺趁机扑了上去，把郁金

**天王细肋螺**

| 产　地 | 加勒比海 |
|---|---|
| 栖息地 | 细沙海底 |
| 水　深 | 5~30米 |

**郁金香细带螺**

| 产　地 | 加勒比海 |
|---|---|
| 栖息地 | 细沙或者软泥海底 |
| 水　深 | 3~20米 |

香细带螺压在身下，然后把它叼起来，一点一点吃起螺肉来。这时，不远处的几只寄居蟹闻到气味，迅速赶到天王细肋螺旁边。天王细肋螺吃完螺肉，郁金香细带螺的壳随即落了下来。等在一旁的寄居蟹随之展开了争斗，想要抢到这所新"房子"。最后，其中一只寄居蟹取得了胜利，被丢弃的郁金香细带螺壳于是成了它的新家。

这种激烈的场景，在爬行生活的海贝中并不少见。在它们的生活中，每次捕食，都是一次速度和力量的较量。这次捕食活动的两大主角，便是两种典型的爬行生活的海贝。

其实，这场较量很难称得上公平，因为郁金香细带螺和天王细肋螺虽然都是肉食性海贝，但个头相差很大。郁金香细带螺的壳通常为10～15

●爬行中的郁金香细带螺

**趣·味·贴·士**

这只高螺层的普通蟹守螺被发现时，正在菲律宾薄荷岛的沙滩上缓缓爬行。夜色中，它倒卧而行，用腹足将身前的沙子分开，呈半埋栖状前进。在它身后，银白的沙滩上随之出现了一条痕迹。这条痕迹，暴露了这只普通蟹守螺的藏身之所。看它在藏身处安静的样子，大概是爬累了吧！

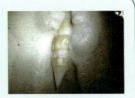

● 普通蟹守螺

厘米，天王细肋螺的壳则最大可达40厘米，重约5千克。相比之下，天王细肋螺堪称"巨无霸"，在弱肉强食的世界中，它无疑是胜利的一方。

　　谁的速度快，谁的力量大，谁就能在较量中胜出，存活下来。看来，爬行生活的海贝之所以爬行，不仅仅是为了寻觅食物，也是为了躲避天敌。

● 方斑东凤螺

### 匍匐式爬行

爬行生活的海贝之所以能在多种环境表面进行匍匐式爬行活动，是由于它们的足部和腹部均有肌肉与贝壳的内表面相连，使它们能够伸缩自如。在活动的时候，它们的头和足会同时伸出壳外，一旦遇到危险，便会迅速缩入壳内。

为了适应环境，更好地伪装和御敌，这些海贝的壳千姿百态，造型多样，而且有不同的颜色和花纹。同时，为了方便摄食，它们的感觉器官、摄食器官也都十分发达。

爬行生活的海贝中，有壳体扁平者，如玉螺。玉螺的足分为前足和后足，两者分工不同。它的前足宽大，向前运动时，可以把前方的泥沙推向两侧，有扫除前进障碍的功能；后足则能推动身体快速向前移动。当然，爬行生活的海贝中也有螺层较高者，如笋螺、笔

正在爬行的广大扁玉螺

螺和蟹守螺等。不过，为了减少行进时海水的阻力，它们可不是招摇地直立前进，而一般是倒卧而行。

爬行生活的海贝可不总是慢吞吞地前行，它们中不乏"奔跑"健将，如斑凤螺，它的足很强壮，运动起来非常灵活，在捕食和遇到攻击时能快速移动，而且有些种类能跳跃式前进。

● 斑凤螺

**趣·味·贴·士**

玉螺是肉食性钻孔海贝，常捕食其他一些海贝，其中就包括蟹守螺。右边这张图片拍摄于海南岛。奇特的是，图片中的蟹守螺"翻身做了主人"，悠然自得地趴在了一只格纹玉螺的身上，而这只格纹玉螺还浑然不觉地向前爬行，十分有趣。

## 腕足多矫健

　　头足纲海贝运动方式其实有两种，其中一种为爬行生活，另外一种则为游泳生活。作为海贝家族中最高级的种类，头足纲海贝的爬行自然与腹足纲海贝的爬行有所区别。接下来出场的章鱼和鹦鹉螺，虽然与腹足纲海贝都属爬行生活，但它们的爬行靠的是腕足和吸盘，而且它们也有一定的游泳能力。

● **正在爬行的章鱼**

● 章鱼保罗

● 正在游泳的章鱼

### 世界杯上的"预言帝"

2010年的南非世界杯，最引人注目的除了那些绿茵场上的球星，还有一只叫作"保罗"的章鱼。在世界杯的8场比赛中，这位"章鱼哥"不仅会"预测"足球比赛的结果，而且全部"预测"正确，被称为世界杯上的"预言帝"，享誉全球。章鱼的确是一种聪明的海贝。据科学实验，有些章鱼有着相当发达的大脑，可以认出在镜子中的自己，甚至可以走出生物学家设计的迷宫。

章鱼的聪明劲，从它们的外形就能看出一点端倪来。章鱼的头与躯体分界不明显，身体呈短卵圆形，没有鳍。它们有8个腕足，腕足上有许多吸盘；腕的基部与躯体相连，腕的中心部有口。口有一对尖锐的角质颚片及锉状的齿舌，用以咬、锉、或刮碎螃蟹或者其他贝类，取食其肉。

● 章鱼喷墨

● 章鱼卵

章鱼一般生活于近海，经常潜伏在石缝或洞穴中，通常依靠吸盘的吸附以及腕间膜的收缩在海底爬行，能有力地握住石块或贝壳等物体。它们虽然不如其他头足纲海贝那样善于游泳，但也会依靠漏斗喷水的反作用力短暂地游泳。章鱼像许多其他头足类一样，会用拟态和伪装的方法躲避敌害的注意，能随时根据周围环境的颜色变换体色。遇到危险时，章鱼能使外皮突起，形成一种类似于岩石被植物包被的样子；有些章鱼还能把双壳纲海贝壳和沙粒吸在吸盘上作为伪装。遭到攻击时，它们还会从墨囊喷出一股墨汁，把周围的海水染成黑色，乘机逃之夭夭。这些墨汁不仅会迷惑捕食者的视线，其中还含有一些化学物质，可以用来麻痹捕食者。不过，积攒这些墨汁需要很长的时间，只在万不得已时，它们才会释放墨汁。

章鱼一生中只有一次生育机会，"婚礼"的结束也意味着生命终点的临近：雌雄一旦交配完毕，就会停止进食，大约一周的时间便相继死去。1个月后，受精卵会陆续孵化成幼小的章鱼，然而，它们从出生起就成了孤儿，独自在复杂多变的海洋环境中继续坚强地生存。

● 章鱼幼体

● 正在游泳的鹦鹉螺

### 构造独特的鹦鹉螺

鹦鹉螺是知名的海贝，它们在地球上出现的时间较早，而且绝大多数种类已成为化石。现在仅存的几种被称为海贝中的"活化石"，在生物进化史和古生物学方面有很高的科研价值。它们垂直分布于几米至数百米深的海洋中，但主要生活于水深50～150米的浅海，并多以虾蟹类和棘皮动物为食。

鹦鹉螺不仅可以爬行，还可以在海水中沉浮游动。白天，它们多栖息在珊瑚礁

● 正在爬行的鹦鹉螺

● 鹦鹉螺化石

或岩礁质海底，用短腕爬行，有时候也会以触手吸附在礁石上，到了晚上，它们便常凭借壳室悬浮于水中。

鹦鹉螺之所以能够浮沉游动，全靠它们的特殊构造。鹦鹉螺的壳体主要分为胎壳、气壳和住室三部分。泡状胎壳位于壳体始端，住室位于壳体前端，胎壳与住室之间为气壳部分。随着鹦鹉螺的生长，外套膜定期向始端方向分泌出一个个隔壁，将气壳分隔成许多气室。气室内充有空气或液体，在住室与胎壳之间，有一条纵贯各室及隔壁的管道，称为连室细管。鹦鹉螺通过连室细管控制气壳内的气体排放，使身体在水中升降自如。

## 多种环境栖息

爬行生活的海贝可不只在沙滩上爬行，而是能够适应多种环境的表面，包括泥滩、岩石、珊瑚礁、红树林和海藻等，以及深海海底表面。总体而言，根据爬行环境的不同，它们可以分为六大"部落"，每个"部落"又有各自的代表。

● 生活在高潮带岩石上的短滨螺

● 正在牡蛎床上捕食的疣荔枝螺

### 1. 岩礁和珊瑚礁表面或缝隙中生活的海贝

对于许多爬行的腹足纲海贝来说，礁石缝
和珊瑚礁表面或缝隙间是极佳的生存地。每当
海水退去时，这些岩礁的表面上以及缝隙中都
会出现一些海贝如短滨螺、蜑螺、凤螺、宝贝、
嵌线螺、骨螺、芋螺等的踪影。当你走近岩礁，
观察表面，常常会发现有些骨螺科的荔枝螺爬
行其上，寻食固着于岩礁上的牡蛎。

● 珊瑚礁上的芋螺

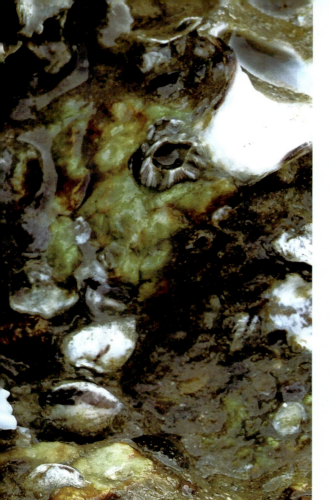

值得注意的是，在热带海域，千万不要把手随意伸到岩礁或珊瑚礁下方乱摸。那里是芋螺喜爱的栖息地，而有些芋螺有很强的毒性，如果触碰到会被蜇伤，甚至会有生命危险。

### 2. 滩涂表面生活的海贝

每到春季，市场上琳琅满目的海鲜让人目不暇接。其中有一种俗称"海瓜子"的小海螺，非常受人欢迎。"海瓜子"其实是属于腹足纲的织纹螺。这类海螺喜欢在海滩表面爬行，三五成群，寻觅食物。一旦发现有被海浪卷到岸边的鸟类或者鱼类的尸体，它们便会蜂拥而上，享受大餐。

此外，这个"部落"的有些海贝也会选择在泥沙滩或者泥滩上爬行，如珠带拟蟹守螺、滩栖螺和汇螺等。它们在爬行过

● 织纹螺

● 在海滩上爬行的珠带拟蟹守螺

● 虎斑宝贝

程中往往以有机碎屑为食，爬行过后，会在海滩上留下一条条痕迹。一部分宝贝也喜欢栖息在潮间带的沙滩上，如在我国海南岛和西沙群岛等海域，退潮后，常可发现在礁石间的沙滩上爬行的黍斑眼球贝和虎斑宝贝等海贝。

### 3. 泥沙中生活的海贝

这类海贝通常会把自己潜入泥沙中，一是方便躲蔽天敌，二是方便捕食浅埋在泥沙滩中的双壳贝类。

海边泥沙滩上，双壳纲贝壳比较常见，如果仔细观察，你会在一些贝壳上面发现一个1毫米左右的蛀孔。这个小孔可不是这些贝类天生就有，而是多半由玉螺所为。玉螺是一种肉食性海螺。由于它潜入泥沙中生活，视觉器官已经退化，但其他感觉器官仍很灵敏。

一旦发现猎物，它会迅速利用发达的足将其抱住，然后用它的齿舌和穿孔腺在猎物的壳上钻孔并取食它们的肉。吃完后，它会把所食海贝的壳丢在泥沙滩上，然后静静离开，潜入泥沙中。于是，那些"遇难"海贝的壳就带着蛀孔躺在了沙滩上，出现在我们面前。

除了玉螺以外，骨螺和框螺也具有类似的生活习性。

● 被玉螺钻孔的贝壳

● 格纹玉螺

### 4. 海藻上生活的海贝

在海边，我们有时会遇到被海浪冲到岸边的海带。仔细看的话，偶尔会在海带的叶片上面找到一些小海螺，如小型的蝾螺或者马蹄螺。其实，不仅仅是海带，其他海藻上也会出现它们的身影。这些小型的海贝生活在海藻的叶片或者根部，爬行过程中，它们会啃食这些海藻新鲜的叶片和嫩芽。与此同时，它们还会靠藻类隐藏自己，如后鳃类的枣螺。海藻丛既可以提供食物，又可以提供保护，堪称是这些海贝的避风港。

● 在珊瑚礁上爬行的马蹄螺

### 5. 红树林中生活的海贝

如果你有机会去热带和亚热带地区沿海旅游或采集海贝的话，你会发现有些潮间带的上部生长着一些常绿的灌木丛——红树林。如果仔细观察，你会在红树林的枝条和叶片上发现一些滨螺和红树拟蟹守

● 红树林中的滨螺

螺等。还有一些滩栖螺、拟蟹守螺、蜒螺和耳螺等常在红树林潮间带的泥滩上爬行或聚集。对于这些海贝来说，红树林无疑是它们繁衍生息的天堂。

### 6. 深海底生活的海贝

每年的开渔时节，大批渔船会出远海捕捞。在东海沿岸，渔船回港的时候，船上总会有一些难得的海贝，如龙宫翁戎螺、平濑珍宝贝、金星宝贝、岩石芭蕉螺、肩棘螺等。这些海贝往往栖息于深海底，近年来随着大型机动船和深水拖网的普及，才得以陆续面世。其实，很多漂亮的海贝都生活在深海底，它们或是在海底的细沙上慢慢爬动，或是在软泥上匍匐行走，或是爬行于碎珊瑚和砾石之间。

● 岩石芭蕉螺

● 肩棘螺（我国台湾称作花仙螺）

# 我国产的爬行生活的海贝

### 红翁戎螺
**产　地:** 东海
**栖息地:** 水深240～300米的细沙或海绵分布的海底
**简　介:** 这是一种著名的翁戎螺。随着深海捕捞技术的发展和拖网渔船的广泛使用,近年来这一罕见的物种大量出水,但壳体大而完整的标本依然稀少。

### 缀衣笠螺
**产　地:** 海南海域
**栖息地:** 水深150～300米的泥沙或碎贝壳质海底
**简　介:** 它们在爬行过程中会选择一些贝壳、沙石或杂物,用分泌液粘在自己的壳体上,以便伪装和保护自己。保存完好的贝壳观赏价值较高。在我国台湾称作缀壳螺。

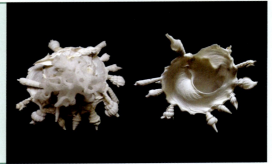

### 长笛螺
**产　地:** 台湾、海南等海域
**栖息地:** 浅海泥沙质海底
**简　介:** 虽然造型奇特,尖头尖尾,但依旧是爬行生活的海贝。收藏者将完整无损的贝壳视为珍品。在我国台湾称作长鼻螺。

### 蜘蛛螺
**产　地:** 台湾海域、海南诸岛
**栖息地:** 低潮区至浅海珊瑚礁间沙质或藻类丛生的海底
**简　介:** 此种是海南岛以南各岛屿最为常见的海贝种类之一。肉鲜美可食用,在海南市场上常有出售;贝壳花纹变化多样,可供观赏。

### 黑田鬘螺

**产　地：**东海、台湾海域

**栖息地：**深海沙砾或软泥质海底

**简　介：**少见的冠螺种类，深水拖网渔船在东海可采集到此种。贝壳造型优美，可供收藏观赏。

### 白法螺

**产地：**东海

**栖息地：**水深150～200米的细沙或岩礁海底

**简　介：**非常壮观的嵌线螺种类。其肉大而肥美，可供食用，贝壳可做号角和佛教的法器。

### 枣红眼球贝

**产　地：**台湾、海南海域

**栖息地：**潮间带至浅海沙或岩礁质海底

**简　介：**广泛分布于热带太平洋。贝壳常用于制作工艺品或者项链。在我国台湾称作红花宝螺。

### 兰福珍宝贝

**产　地：**东海

**栖息地：**水深150～250米的细沙或岩礁质海底

**简　介：**这是一种珍奇而稀少的海贝，高品质的贝壳标本售价昂贵。在我国台湾称作兰福宝螺。

**美丽枣型贝**

**产　地：** 东海

**栖息地：** 潮下带浅海细沙质海底

**简　介：** 本种是一种漂亮的小型海贝，贝壳颜色很红，但容易褪色。在我国台湾称作玉女宝螺。

**黑原宝贝**

**产　地：** 东海

**栖息地：** 水深200～300米的细沙或岩礁质海底

**简　介：** 本种是一种罕见而珍贵的海贝，难以获得，高品质的贝壳标本售价昂贵。在我国台湾称作黑原宝螺。

**脉红螺**

**产　地：** 渤海、黄海、东海

**栖息地：** 潮间带至浅海泥沙质海底

**简　介：** 俗称"红李子"或"海螺"。肉鲜美可供食用，炒海螺所用便是此种，在我国北方是一种重要的经济贝类。在我国台湾称作红皱岩螺。

**钩翼紫螺**

**产　地：** 黄海

**栖息地：** 浅海岩礁

**简　介：** 本种常在海中密布的礁石上缓缓爬行，标本多为缠网捕捞所获。贝壳造型美观，可供观赏。在我国台湾称作四翼芭蕉螺。

香　螺

产　地：黄海

栖息地：浅海泥沙质海底

简　介：本种肉鲜美可供食用，为我国北方重要的经济贝类。在我国台湾称作风车蛾螺。

金刚螺

产　地：全国沿海

栖息地：浅海泥沙质海底

简　介：本种分布广泛，尤其在我国渤海海域，渔船拖网捕捞即可捕到。在我国台湾称作衣裳核螺。

织锦芋螺

产　地：台湾、海南海域

栖息地：潮间带至浅海珊瑚礁或沙质海底

简　介：本种是有剧毒的种类，花纹绚丽漂亮，可供观赏。

珍笋螺

产　地：东海、南海

栖息地：潮下带浅海泥沙质海底

简　介：本种较为奇特，完整的贝壳标本非常难得。在我国台湾称作旗杆笋螺。

# 固着不动的宅一族
## ——固着生活的海贝

　　"我的父亲忽然看见两位先生在请两位打扮很漂亮的太太吃牡蛎。一个衣服褴褛的年老水手拿小刀撬开牡蛎，递给了两位先生，再由他们传给两位太太。他们的吃法也很文雅，一方精致的手帕托着蛎壳，把嘴稍稍向前伸着，免得弄脏了衣服；然后嘴很快地微微一动就把汁水喝了进去，蛎壳就扔在海里。"

——《我的叔叔于勒》（莫泊桑）

## 宅术显神通

相信读过莫泊桑短篇小说《我的叔叔于勒》的人，都会对"牡蛎"印象深刻。其实，牡蛎就是固着生活的海贝中的一员。固着生活的海贝大多数属于双壳纲海贝。在海贝大家族中，双壳纲海贝占据着非常重要的地位。牡蛎、海菊蛤等人们熟知的海贝，都是这个纲的成员。它们经历幼体的浮游期后，一旦遇到合适的栖息场所，便固着下来安静地生活，终生不再移动。

这些固着生活的海贝，究竟靠什么来固着呢？如果只是固着不动，那它们又是怎么生存下来的？

**固着靠外壳**

海贝固着生活，其奥秘就在于它们的贝壳。它们一般具有比较坚固的外壳，贝壳上有各种突起物，如牡蛎具有鳞片状的棘、海菊蛤具有发达的棘刺突起等。这些海贝，有的用左壳固着，有的用右壳固着；有的固着面很大，用全壳固着，有的固着面很小，仅用壳顶部固着。

● 牡蛎

　　固着生活的海贝由于常年不动，它们的运动器官——足并不发达，甚至完全退化。即便足没有消失，也已经失去了原有的作用。

### 左壳固着的牡蛎

　　牡蛎在出生后，需要经历一个浮游阶段，在这一阶段，它们很大一部分时间都在水中营浮游生活，这便是它们的幼虫时期。经过幼虫变态后，它们会选择适宜自己生存的环境，将左壳固着在礁石或其他物体上。固着之后的牡蛎，将终生不再移动，依靠贝壳的开和闭进行生活。准确一点说，牡蛎只有右壳上下活动。别看右壳的活动幅度不大，牡蛎的摄食、呼吸、生殖、御敌等活动可都全靠它。牡蛎的摄食方式为滤食，食物靠进入体内的水流带至口内。浮游生物、硅藻以及有机碎屑等是它们的主要食物。

● 海菊蛤

● 固着生活的牡蛎

### 右壳固着的海菊蛤

海菊蛤一般栖息于潮间带低潮线附近至潮下带较浅的水域，属于热带和亚热带暖水性种类，在我国的福建以南沿海均有分布。与牡蛎不同的是，它们是以右壳固着在岩石、珊瑚礁等物体上生活，因而右壳通常比左壳大。海菊蛤的壳面上通常有发达的放射肋，肋上有长短不等的棘状突起，有的棘状突起长而弯曲。固着不动的海菊蛤，可以把这些棘刺当成秘密武器，进行伪装和御敌。它们的活动方式与牡蛎很像，同样固着不动，仅仅通过开壳和闭壳进行生活，并且只用左壳做上下活动。海菊蛤的主食是海洋中的微生物和藻类。

● 固着生活的海菊蛤

### 左壳或右壳固着生活的猿头蛤

猿头蛤固着生活于潮间带至浅海的岩礁或珊瑚礁上，主要分布在我国的广东以南沿海，仅有个别种在福建的南部沿海有发现。猿头蛤中，有的种用左壳固着，有的种用右壳固着。贝壳形态不规则，有时扭曲，两壳不相等，固着的壳大，不固着的壳小，微突出，形如盖。表面多数有鳞片或棘，因大部分种类很像猿人的头而得名。食性与其他固着生活的种类相似。

● 固着生活的猿头蛤

● 固着生活的蛇螺

### 全壳固着的蛇螺

　　与前面介绍的海贝不同的是，蛇螺属于腹足纲海贝，是为数不多的营固着生活的螺类。蛇螺多为暖水性，在我国分布于浙江以南沿海。它们通常以全身的壳体固着于礁石或者海洋中的其他硬质物体上生活，常常扭曲成不规则的管状或卧蛇状。蛇螺的贝壳密闭性很好，固着得也很牢固，有的仅壳口处稍微游离，软

● 蛇螺

体通过壳口向外略做活动进行捕食。壳口处有一个圆形的角质厣，可以完全封住壳口，以防御外来的侵袭。蛇螺主要以浮游生物和藻类为食。

### 生活靠纤毛和触手

一般来说，海贝靠水管进行捕食，但固着生活的双壳纲海贝并没有水管，那它们靠什么来捕食呢？答案是纤毛。通过鳃的纤毛摆动形成水流，可将食物过滤送入口中。这些纤毛虽然看起来并不起眼，却是固着生活的海贝赖以生存的重要器官。

与此同时，固着生活的海贝外套膜的边缘通常具有发达的触手，可以充当"探测仪"，一旦察觉到危险，这些海贝会迅速关闭壳口来保护自己。靠着这些作为感应器官的触手和纤毛，固着生活的海贝几乎可以完成全部生活事务。

● 赠水海菊蛤

## 礁石上的牡蛎

　　牡蛎是营固着生活海贝的典型代表，分布区域非常广泛，几乎遍布于各大洋。从热带、亚热带，到温带、寒带的部分地区，都有它们的足迹。在我国，北从鸭绿江口，南至曾母暗沙，都有牡蛎的踪迹。在北方，牡蛎通常被称作"海蛎子"，而在南方，人们习惯把它们称为"蚝"。

　　牡蛎通常栖息于潮间带至浅海，低潮线附近至水深10米以内的数量最为丰富。它们喜欢群聚性地粘着在一起，牢牢地固着于礁石之上。由牡蛎群聚在一起形成的区域又被形象地称为"牡蛎床"。

● 牡蛎床

## 趣·味·贴·士

### 牡蛎与我们

牡蛎全身都是宝，可以生吃，也可以烹饪成美味佳肴。牡蛎含有多种维生素及矿物质，含碘量和含锌量都非常高，素有"海中牛奶"之美誉。牡蛎壳的主要成分是碳酸钙，粉碎后可以用来烧制石灰。不仅如此，牡蛎还能为人们带来艺术启迪。

● 牡蛎

现在，牡蛎的生存状况不容乐观。首先，牡蛎的天敌非常多，在海洋环境下生活的鸟类、棘皮动物中的海星、肉食性的螺类以及鱼类中的鳐等都会捕食牡蛎。脉红螺便是牡蛎的天敌。这种分布广泛的大型肉食性海螺，常喜欢在牡蛎壳上用齿舌钻一小孔，吸食牡蛎的软体部分。据记载，脉红螺原产于中国和日本海域，1940年，它们在黑海也被发现。此后不久，脉红螺就将黑海的牡蛎床破坏殆尽。

其次，人类无节制的过度采捕、肆意排放的工业废水以及海滨旅游的开发等，也为近海生活的牡蛎带来生存的威胁。牡蛎等脆弱的海贝，需要我们好好保护环境来加以呵护。

● 固着在礁石上的牡蛎

● 美丽的北海道扇贝壳

## 扇贝上的"小·精灵"

　　固着生活的海贝不仅仅固着于礁石上，它们也会选择一些活体海贝、空的贝壳或者死去的珊瑚为家，创造出一个多姿多彩的营固着生活的神奇海贝世界。其中，附着在扇贝上生活的海贝占了很大比重，不等蛤便是其中一员。不等蛤是北海道扇贝的"忠实粉丝"，固着在北海道扇贝上生活。

　　北海道扇贝是一种珍贵的海贝，仅分布于日本海北部。它的壳色彩绚丽，在国际贝类收藏品市场上很受收藏者追捧。不等蛤或许是被这种"美色"所吸引，它们喜欢聚集成一群，固着在北海道扇贝的肋上。有个别的北海道扇贝上会固着几个甚至十几个不等蛤，形成一种奇特的生态现象。

●不等蛤附固着于北海道扇贝上

●去除不等蛤后北海道扇贝上留下的固着痕迹

　　固着在北海道扇贝壳面上的不等蛤，贝壳近似圆形，但不规则，左壳凸出，右壳较平。它们的足丝孔非常大，足丝可以牢牢地固着在北海道扇贝的壳面或者肋的缝隙中。

　　值得一提的是，贝类学家马绣同先生曾经指出，不等蛤是用足丝固着生活的种类；但也有学者认为不等蛤是附着生活的。实际上，不等蛤是终生不动的海贝，不像附着生活的海贝那样还会移动。另外，附着生活的海贝，如鲍鱼或贻贝，很少会给附着基留下表面侵蚀的痕迹，而不等蛤会在扇贝壳表面留下很多侵蚀痕迹，因而不等蛤属于固着生活一族。

●牡蛎固着在海湾扇贝上

除了不等蛤之外，扇贝上的"小精灵"还有很多。在热带海域，海菊蛤也经常会固着在扇贝贝壳如一些空的鸟蛤贝壳上。在温带海域，牡蛎也有这样的生存现象：渤海养殖的海湾扇贝上便常有小型牡蛎固着；另外，一些腹足纲的嵌线螺、冠螺和骨螺上也会有牡蛎固着的痕迹。

● 不等蛤

## 名片夹

### 近江牡蛎
**产　地：**全国沿海海
**栖息地：**浅海岩石
**简　介：**本种尤其喜欢栖息于江河入海口附近的低盐区浅海，肉鲜美可供食用，是一种重要的经济贝类。

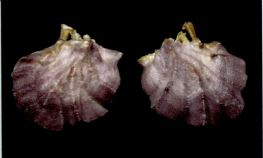

### 脊牡蛎
**产　地：**台湾、海南等海域
**栖息地：**近海岩礁
**简　介：**本种的壳为紫色，造型奇特，形似鸡冠，具有很高的观赏价值。在我国台湾称作锯齿牡蛎。

### 密鳞牡蛎
**产　地：**黄海、东海
**栖息地：**潮下带浅海泥沙或岩礁质海底
**简　介：**本种的壳多为近圆形，颜色为灰色并杂有黄褐色或紫色，因有瓦状的密集鳞片故而得名，肉鲜美可供食用。

### 厚壳海菊蛤
**产　地：**台湾、海南等海域
**栖息地：**浅海岩礁或珊瑚礁
**简　介：**贝壳非常厚重，颜色为紫褐色或黑色，肋上的棘刺较平，为白色，可供观赏。

**中华海菊蛤**
产　地：南海
栖息地：浅海岩礁质海底
简　介：贝壳颜色变异较多，有红褐色、黄色或橘黄色等，造型美观，具有很高的观赏收藏价值。

**莺王海菊蛤**
产　地：台湾海域
栖息地：浅海岩石或砾质海底
简　介：本种是知名的贝类，贝壳大而壮观，颜色多为紫红色，适合收藏观赏。在我国台湾称作猩猩海菊蛤。

**须毛海菊蛤**
产　地：台湾、广东、海南等海域
栖息地：浅海岩礁
简　介：贝壳多为红褐色或淡粉色，并且具有白色的棘刺，造型奇特，形似山羊的胡须，具有很高的观赏价值。在我国台湾称作山羊海菊蛤。

**翘鳞猿头蛤**
产　地：台湾、海南等海域
栖息地：浅海岩石或珊瑚礁
简　介：贝壳表面颜色多样，通常为白色或者橘黄色，幼贝的色彩较为鲜明，可供观赏。在我国台湾称作菊花偏口蛤。

### 中国不等蛤

**产　地：**全国沿海

**栖息地：**潮间带中下区的岩石或贝壳等物体

**简　介：**贝壳不规则且两壳不相等，以右壳顶部足丝孔伸出的足丝来固着。贝壳较薄，略具珍珠光泽。肉可以食用，但经济价值不大。

### 敦氏猿头蛤

**产　地：**广东以南沿海

**栖息地：**潮间带低潮区至浅海的岩石

**简　介：**两壳不相等，可用左壳或右壳固着。壳面黄白色，有的具有淡红色的斑，有三角形的棘状突起。肉可以食用。

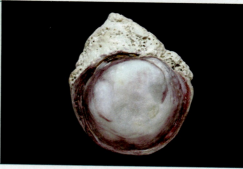

### 紫口猿头蛤

**产　地：**台湾、海南海域

**栖息地：**浅海岩石或珊瑚礁

**简　介：**贝壳近球形，用偏大的左壳来固着。壳面呈紫色或灰白色，壳口周缘呈深紫色，十分漂亮。肉可以食用，贝壳可供观赏。

### 太平洋猿头蛤

**产　地：**浙江以南沿海

**栖息地：**浅海岩石或珊瑚礁

**简　介：**贝壳近卵形，略扭曲，以左壳来固着。壳面粗糙，呈白色或淡红色，壳口周缘呈淡粉色，较鲜艳。肉可以食用，贝壳可供观赏。

# 偶尔移动的附着派
## ——附着生活的海贝

　　《维纳斯的诞生》是欧洲文艺复兴时期艺术家波提切利的代表画作，描绘了象征爱与美的女神维纳斯诞生的情景。画面以爱琴海为背景，微微泛起的涟漪中，巨大的贝壳支撑着美丽优雅的维纳斯立于画面中央，春神和风神相伴左右。画中的贝壳象征着她的诞生之源，这个贝壳的真容便是欧洲大扇贝，这种扇贝是附着生活海贝的代表种类。

## 扇贝现真容

附着生活的海贝中，扇贝家族是一个重要组成部分。扇贝家族中，大部分种类营附着生活，足部退化，足丝发达。而且，多数扇贝栖息在低潮线附近至潮下带水深200米以内的浅海底。它们广泛分布于世界各个海域，尤以热带和亚热带海域种类最为丰富。扇贝多为雌雄异体，少数为雌雄同体，一般在5～8月间性腺成熟。

扇贝外形多呈扇形，壳色多样，鲜艳美丽；背缘一般较直，壳顶位于近背缘中部。前、后都有耳，两耳相等或不等，一般右壳前耳较大，其下方具有明显的足丝孔，多数具有数枚小栉齿。壳表分布着各种形状的放射肋，肋上常有鳞片或小棘；少数平滑；壳内面色浅而略具光泽，肌痕比较明显；内韧带为褐色，位于三角形的韧带槽中。外套缘厚，有发达的外套眼和触手。没有水管。闭壳肌发达。

● 扇贝活体

### 平时比较"宅"

通常情况下，扇贝用它的足丝附着在岩石、牡蛎礁、碎贝壳或者其他较为坚硬的基质上生活，通过闭壳肌张开或闭合两片贝壳，移动能力弱，比较"宅"。扇贝有的单独附着于岩石缝隙间或者碎贝壳上，有的两三个或多个互相附着在一起。

"宅居"生活，自然要想办法填饱肚子。扇贝是滤食性动物，通过摆动纤毛，将大小合适的食物送入口中，然后把不合适的颗粒由腹沟排出体外。它们的主要食物包括有机碎屑和浮游生物等。

● "宅居"的扇贝

### 偶尔会移动

扇贝虽然平时是"宅男宅女"，但当生活环境发生改变，或者遇到敌害的时候，它们会把足丝连根拔起，同时加速伸缩闭壳肌，使贝壳连续开闭。扇贝壳张开时把海水吸进壳内，闭合时海水从后面排出，借助这种喷水的反作用力进行"游动"。扇贝家族中，有的种类还能做上下和左右的蝶式游动。虽然泳姿翩跹，但如果遇到合适的环境，它们便会借助足丝附着，继续"宅居"生活。

● 扇贝被捕食

● 偶尔"游动"的扇贝

### 经济效益大

扇贝肉质细嫩，味道鲜美，是人们餐桌上常见的美味佳肴。扇贝的闭壳肌肥大，含有丰富的蛋白质和碳水化合物等，可以鲜食，也可以做成干制品。干制品称为"干贝"，同样是海味中的珍品。它的壳由于色彩鲜艳、形状美丽，也通常用于制作贝雕及贝壳工艺品。肉可供食用，壳可供观赏，扇贝可谓经济价值巨大。

● 海湾扇贝

● 贝雕工艺品

● 美丽的扇贝壳

在我国沿海目前已经发现50多种扇贝。其中，产于北方的栉孔扇贝和产于南方的华贵类栉孔扇贝是我国沿海重要的经济贝类，已经开始大规模的人工养殖。随着养殖技术的不断发展，原产于日本海的虾夷扇贝和原产于墨西哥湾的海湾扇贝也"移民"中国，通过养殖创造了巨大的经济效益。

● 虾夷扇贝

**趣·味·贴·士**

**不是所有扇贝都附着生活**

有些种类的扇贝由于足丝孔退化甚至完全消失，并不营附着生活，而是营自由生活，如超蛇斑扇贝和箱型扇贝。它们平时多数栖息在水流平缓的海底，一旦遇到危险，会奋力"奔跑"。

## 用足丝附着的双壳类海贝

除了扇贝之外，附着生活的海贝还有很多，双壳类中便有贻贝、偏顶蛤、江珧、珍珠贝、肌蛤、砗磲等，它们同样以足丝附着生活。

足丝是营附着生活的双壳纲海贝的强韧性纤维束，从足丝孔伸出。江珧、贻贝、扇贝、珍珠贝等双壳纲海贝，在成体时虽然足部退化，但足丝发达，能够通过足丝附着在岩石或其他物体上生活。不仅如此，这些海贝遇到不良的环境条件时，可放弃原先的足丝而使身体发生移动，进而通过分泌新足丝重新附着于更适宜生活的环境中。

虽然同样以足丝附着生活，这些海贝的附着方式各有不同。

● 贻贝用足丝附着在香螺上

● 附着生活的扇贝

● 附着生活的贻贝

### 贻贝

贻贝大多是群聚性的，像一串葡萄似的附着在一起，但也有些种类喜欢单个附着生活。

### 江珧

江珧以足丝附着在物体上营半埋栖式生活。

### 肌蛤和一些偏顶蛤

肌蛤和一些偏顶蛤往往用足丝把自身和泥沙或碎贝壳等杂物黏合在一起生活。

● 肌蛤用足丝把自身和泥沙或碎贝壳等杂物黏合在一起生活

● 附着生活的江珧

● 用足附着（吸附）生活的鲍鱼

## 用足附着（吸附）生活的单壳类海贝

　　除了上述双壳类海贝之外，腹足纲中的帽贝、笠贝、鲍、帆螺、尖帽螺和菊花螺等以及多板纲的石鳖也都是营附着（吸附）生活的种类，但使它们得以附着的不再是足丝，而是足。

● 嫁蛾（帽贝科）

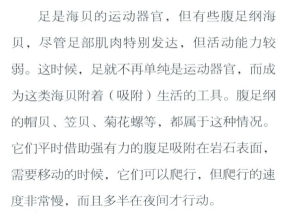

足是海贝的运动器官，但有些腹足纲海贝，尽管足部肌肉特别发达，但活动能力较弱。这时候，足就不再单纯是运动器官，而成为这类海贝附着（吸附）生活的工具。腹足纲的帽贝、笠贝、菊花螺等，都属于这种情况。它们平时借助强有力的腹足吸附在岩石表面，需要移动的时候，它们可以爬行，但爬行的速度非常慢，而且多半在夜间才行动。

● 笠贝

以大家所熟悉的鲍鱼为例，它也是用腹足吸附在岩石或其他物体上生活的种类，它的足吸附力很强，能经受大浪的冲击。据记载，一个体长150毫米的鲍鱼，吸附力可达2000牛。采集鲍鱼时必须趁其不备而取之，否则，即使把贝壳撬破，它仍然能够紧紧地吸附其上。

● 菊花螺

这些营附着（吸附）生活的腹足纲海贝同样具有多种多样的附着方式。帽贝和笠贝便常密密麻麻附着在岩石之上。

同为附着（吸附）生活，石鳖与腹足纲海贝的形态多有不同，这类海贝较为原始，贝壳由8块壳板覆瓦状排列而成。壳板周围有一圈外套膜，又称环带。它们的足扁而宽大，几乎占据了整个身体的腹面，像一个吸盘一样。这种吸盘式的足能使石鳖牢牢附着于礁石上。它们平时多以海藻为食，只能近距离爬行，且速度极慢。

● 石鳖

# 我国产的附着生活的海贝

## 龟甲蝛

**产　地**：台湾、广东、海南等海域

**栖息地**：潮间带岩礁

**简　介**：本种是典型的用腹足附着于岩礁上生活的海贝，贝壳常被用来制作工艺品。在我国台湾称作龟甲笠螺。

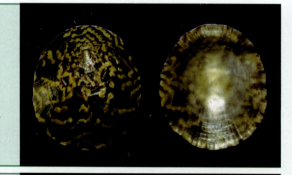

## 星状帽贝

**产　地**：台湾、广东、海南等海域

**栖息地**：潮间带岩礁

**简　介**：贝壳低平，呈多角的星形，自壳顶向四周射出多条放射肋。

## 马氏珠母贝

**产　地**：福建以南、台湾海域

**栖息地**：浅海岩礁或碎贝壳质海底

**简　介**：别名为合浦珠母贝。本种是生产珍珠的重要经济贝类，我国海水珍珠80%以上都是由它产出，现在已经开展大规模人工养殖。

## 企鹅珍珠贝

**产　地**：台湾、海南等海域

**栖息地**：浅海岩礁或碎贝壳质海底

**简　介**：本种造型奇特，因形似企鹅而得名。肉可供食用，也是一种生产珍珠的经济贝类，现在已经开展人工养殖。

### 栉孔扇贝

**产　地：**渤海、黄海

**栖息地：**浅海岩礁或者沙质海底

**简　介：**本种肉鲜美可供食用，贝壳颜色花纹多样，可供观赏，为我国北方沿海重要经济贝类。在我国台湾称作法尔海扇蛤。

### 华贵类栉孔扇贝

**产　地：**福建以南沿海

**栖息地：**浅海岩礁、碎石或泥沙质海底

**简　介：**本种肉可供食用，壳美丽供观赏，经济价值较高，在南海已经广泛开展人工养殖。在我国台湾称作高贵海扇蛤。

### 荣套扇贝

**产　地：**台湾、海南海域

**栖息地：**浅海岩礁或珊瑚礁海底

**简　介：**本种是较为知名的种类，贝壳花纹颜色变化多样，可供观赏。在我国台湾称作油画海扇蛤。

### 虎斑拟套扇贝

**产　地：**台湾、海南海域

**栖息地：**浅海泥沙或粗沙质海底

**简　介：**本种贝壳花纹漂亮，可供收藏观赏。在我国台湾称作虎斑海扇蛤。

### 紫贻贝
产　地：全国沿海
栖息地：潮间带至浅海岩礁
简　介：本种分布广泛，遍布于太平洋和大西洋两岸，尤其在我国北方沿海产量很大，为重要经济贝类。别称海红，干制品称为淡菜。

### 凸壳肌蛤
产　地：全国沿海
栖息地：潮间带泥沙滩或泥滩
简　介：本种常以足丝与泥沙或者碎贝壳成群黏附在一起生活，为附着生活中较有特色的方式。贝壳较小，经济意义不大。

### 偏顶蛤
产　地：渤海、黄海
栖息地：浅海泥沙质海底
简　介：本种广泛分布于北半球。通常以足丝附着于固体或者相互附着在一起生活。肉可供食用，为经济贝类。

### 栉江珧
产　地：全国沿海
栖息地：潮下带浅海泥沙质海底
简　介：本种贝壳较大，常以足丝附着后营半埋栖生活。肉鲜美可供食用，为重要经济贝类。北方多俗称为"带子"，干制品为"江珧柱"。

# 随波逐流的旅行家
## ——浮游生活的海贝

　　蔚蓝的热带海洋中，有一种浮游动物名为僧帽水母。这种生物看起来非常美丽，但毒性极强。这种剧毒生物的天敌不多，其中之一便是海蜗牛。海蜗牛终生漂浮在海面上，是营浮游生活的海贝家族中的一员。它们以水母或其他小型浮游生物为食，即使毒性很强的僧帽水母，也照样是它们的盘中餐。

## 浮游类型多

提起浮游动物，也许大家并不陌生，这类小型动物浮游于江河湖海中，从表层到底部的各个水层都能看到它们的身影。在海贝大家族中，也有这样一群营浮游生活的海贝。它们没有自由移动或游泳的能力，只能漂浮在海面上或悬浮在海水中生活。这一

● 浮游生活的卷蝛螺

类海贝的壳通常较薄，为了适应浮游生活，它们的足要么演化为鳍或翼，要么能分泌黏液形成浮囊。比如，海蜗牛能够利用浮囊漂浮在海水中生活。

后鳃亚纲中的翼足目海贝有的能够依靠发达的鳍浮游在水层中，还有的能够依靠唇腺分泌的黏液，在水中悬浮而行。这类动物主要栖息于海洋表面至水深200米处，它们随波逐流，很多种类都是环球分布。

与其他海贝相比，营浮游生活的海贝多不能食用，贝壳也不如某些宝贝或翁戎螺那样昂贵。不过，它们可以充当一些经济鱼类（如黄鱼、大眼鲷）和鲸类的饵料，而且有的种类对海水团或海流有指示作用。此外，它们的死壳（如翼足类）沉积于海底，成为生物沉积物的一部分，这有助于地质学和海洋环境学的研究。

● 脉红螺浮游幼体

### 趣·味·贴·士

**海贝宝宝也"浮游"**

海贝在繁殖和发育过程中，或者说在成长为幼贝前，会经过担轮幼虫期和面盘幼虫期。在这一时期，它们的身体长有纤毛环或面盘，也会浮游生活。然而，经过一段时间的浮游期，不同的种类找到适合自己的生存环境后，便依照不同的生活方式，开始新的生活。

## 代表一：海蜗牛

第一位出场的营浮游生活的海贝是——海蜗牛，我国台湾称为"紫螺"。海蜗牛是浮游生活海贝的典型代表，这一科海贝的壳多呈陀螺形或马蹄形；螺旋部较低，体螺层大，贝壳又薄又轻，一般为紫色、白色和淡蓝色，光滑或具有微弱的褶纹。壳口卵圆形，无厣。海蜗牛在全球暖水海域都有分布，常常成群在海洋表层浮游。卵胎生。肉食性，常以同样营浮游生活的小鱼小虾或水母为食。种类很少，在我国多分布于东海和南海。

**神奇的浮囊**

海蜗牛足部非常宽大，能够分泌黏液。它们先用黏液包裹空气制造出浮囊，然后借助浮囊在海水中"冲浪"，营浮游生活。很久以前，贝类学家就观察到海蜗牛利用这种浮囊在海水中"冲浪"，不过，它们究竟是如何进化出这种怪异的生活方式，一直以来都是个谜。

除了充当漂浮设备外，浮囊还是海蜗牛的卵存储区和刚刚孵化出来的幼体的活动平台。

● 浮游的海蜗牛

● 海蜗牛释放分泌物

## 强大的防御力

海蜗牛之所以能捕食剧毒水母，与其浮游生活习性息息相关。正是由于浮游生活，海蜗牛面临的生活环境不同于海底。海面上风高浪急、险象环生，它们必须把握生存的机会，捕食一切可以当作食物的东西。其实，在浮游生活中，它们的防御力也堪称一绝。海蜗牛可以通过拟态和保护色来达到防御敌害的目的。它们那蓝紫色的壳和大海混为一体，使敌人很难发现。此外，遇到敌害的时候，海蜗牛还会释放分泌物以击退捕食者。

海洋生物学家在大西洋海域追踪调查海蜗牛的生存状况时，曾遇到这样的情景：一群海蜗牛正在海面上漂浮，忽然，一只海龟从水下蹿了出来，向海蜗牛群逼近。危急关头，海蜗牛集体向海龟喷射出一种紫罗兰色分泌物。随即，海龟本已张开的嘴巴慢慢闭上，还停止了对海蜗牛的攻击行为。海洋生物学家感到十分不可思议，于是提取了部分海蜗牛紫罗兰色的分泌物并进行检测，发现其中竟然含有能让海龟等食肉海洋动物神经系统紊乱的化学物质。这些动物接触到这种化学物质之后，捕食行为随之停止。

**奇特的繁殖方式**

　　海蜗牛是雌雄同体动物，每只海蜗牛都具有雄性和雌性特征：刚出生时是雄性，在成长过程中会变成雌性。更神奇的是，当这种海蜗牛处于雄性阶段时，它们甚至没有阴茎。雄性海蜗牛将自己的精子包成一束，排到体外进行授精。而后，受精卵依附在浮囊下面，随着母体在海面上漂浮，在旅途中孵化。

● 海蜗牛壳体

### 代表二：蜕螺

　　在腹足纲后鳃亚纲中有一群小型海贝，它们完全营浮游生活，其足背部发育成一对发达的鳍，它们就是依靠这种鳍浮游在水层中，如蜕螺科海贝。这类海贝通常有一个石灰质或软骨质的外壳，多数呈陀螺形或圆锥形，壳薄而透明，左旋。它们栖息于浅海或大洋表层，主要分布于热带和亚热带海区，少数种类出现于两极海域。

● 浮游的蜕螺

## 代表三：龟螺

　　龟螺，是另一类浮游生活的海贝，因为壳小且易碎，也没有艳丽的色彩，往往被人忽视，某些龟螺还曾经被生物学家误认为是一种昆虫。殊不知，它们是数量繁多的海洋浮游动物之一，一般生活在大洋的表层水域，是浮游生活的海贝大家族中不可或缺的成员。

**趣·味·贴·士**

**雌船蛸在生殖期也营浮游生活**

其实，除了浮游生活的海贝之外，有的海贝也有浮游的本领。如雌性船蛸在生殖期间，便会分泌出一个鹦鹉螺状的"贝壳"。这个"贝壳"很像一叶微型小舟，雌性船蛸可以卧于其中营浮游生活，遇到敌害则埋入壳中沉入海底。其所谓的"贝壳"实际上是一个育儿囊，产完仔后育儿囊便被抛弃，雌性船蛸也同时结束浮游生活。

● 雌船蛸

龟螺属于后鳃亚纲翼足目海贝，这些营浮游生活的海贝总体上呈现出典型的暖水性生态类型，它们遍布热带和亚热带海域，在温带水域种类较少。由于翼足目海贝的壳两端有翼状的突出，所以我国台湾的贝类学者也把它们称为蝶螺。它们虽然属于腹足纲海贝，但原有的腹足已经变形，特化成为鳍或翼，变为一种适合漂流的特殊器官。这种特殊的鳍或翼具有一定的平衡作用，可使整个身体浮力增大，让这些海贝得以轻松地漂浮在海水表层过终生浮游的生活。

名片夹

### 海蜗牛

产　地：东海、南海

栖息地：海洋上层水域

简　介：本种为环球分布的暖水种类。贝壳略呈马蹄形，非常易碎，可供收藏观赏。在我国台湾称作紫螺。

### 长海蜗牛

产　地：东海、南海

栖息地：海洋上层水域

简　介：本种也是环球分布的暖水种类，但数量较少。贝壳近似球形，非常易碎，可供收藏观赏。

### 明螺

产　地：黄海南部、东海、南海

栖息地：海洋表层水域

简　介：贝壳扁平，壳薄易碎，透明。螺旋部较低。壳口外唇有裂缝。可供收藏观赏。

### 龟螺

产　地：南海

栖息地：海洋表层水域

简　介：贝壳膨突，近球形。贝壳呈红褐色或淡褐色，背部有5条纵肋，生长纹细密。壳小且易碎，经济价值不大。

# 潜居泥沙的建筑师
## ——埋栖生活的海贝

　　夏日的海边，人们除了领略自然风光之外，往往还喜欢到海边捕鱼捉蟹拾海贝，即"赶海"。人们或者徒手，或者用小铲子、小耙子在潮水退去的海滩上翻动泥沙、石块，多表现为"挖蛤蜊"。仔细观察他们水桶或者塑料袋里装的战利品，常会发现四角蛤蜊、菲律宾蛤仔、文蛤和蛏子等。这些潜藏于泥沙中的海贝就是本章的主角——埋栖生活的海贝。

## 隐蔽显身手

　　埋栖生活的海贝主要是双壳纲海贝，包括常见的文蛤、蛤蜊、蛏子、鸟蛤等等。与爬行生活、附着生活、固着生活的海贝相比，埋栖生活的海贝可谓是与生俱来的隐蔽高手。它们能够将身体的全部或者大部分埋栖于滩涂的泥沙之中，并且能在泥沙中长时间地生活，仅通过水管与地表相通。

　　埋栖生活的海贝种类繁多，它们的筑巢方式也多种多样，其中有些种类会挖掘出U字形的通道。这些海贝在隐藏自己的同时，为了能顺利呼吸和获取食物，通常会在滩涂表面留下一个或者几个可以使水流自由出入的孔洞。这些孔洞为人们采集和研究这些海贝提供了重要依据，富

● 荚蛏埋栖图

有经验的渔民也会根据这些孔洞发现这些海贝的藏身地，并进行捕捉。如文蛤，它们常常埋栖在泥沙滩下几厘米至十几厘米处，并在海滩上留下一个个孔洞。渔民捕捉文蛤的时候，先在有孔洞的海滩上用脚不停地踩，让文蛤渐渐从沙滩下露出来，然后再用耙子将文蛤收拢在一起装入竹篮或麻袋中。

● 挖蛤蜊

埋栖生活的海贝种类不同，海滩上孔洞形状也千差万别。不过，海滩上的孔洞并非都是这些双壳海贝留下的，还有可能是其他海洋生物的"大作"，如螃蟹、沙蚕等。

### 趣·味·贴·士

**长大后迁移的文蛤**

　　文蛤一般栖息于潮间带至浅海的泥沙质海底。文蛤幼时往往生活在近岸，随着个体长大而逐渐往低潮区和浅海移动。文蛤通常足部会分泌出一条胶质细带或囊状物使身体悬浮，借助于潮流或足部伸缩向前移动，遇到生活条件合适的地方便会下沉，埋栖于泥沙中。

● 文蛤埋栖图

## 埋栖深浅各不同

一般来说，埋栖生活的海贝具有发达的足和水管。它们以强有力的斧足在海底开拓，依靠足的挖掘将身体的全部或前端埋在泥沙中。在泥沙中，它们通过伸缩身体后端的水管，纳进和排出海水，进行摄食、呼吸和排泄。遇到危险或不良环境时，它们会迅速伸缩自身的水管，全部埋入泥沙中。

潜居于泥沙营埋栖生活的海贝，为了适应深浅不同的埋栖环境，在长期进化过程中，它们自身的形态也发生了相应变化。

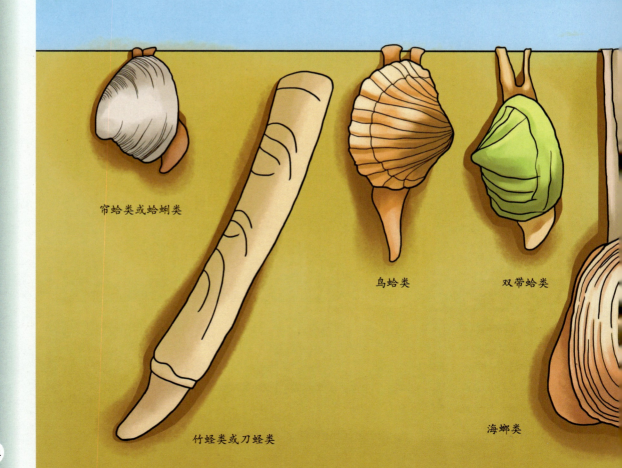

●海贝埋栖深浅各不同

帘蛤类或蛤蜊类

竹蛏类或刀蛏类

鸟蛤类

双带蛤类

海螂类

● 刀蛏

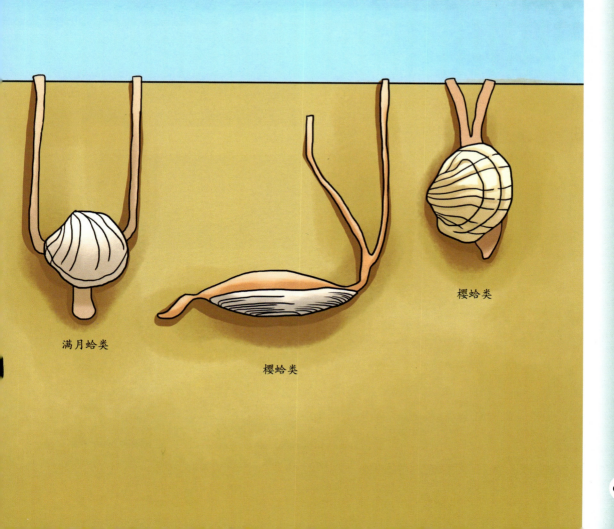

满月蛤类

樱蛤类

樱蛤类

足部：足是埋栖生活的海贝的运动器官。发达的足部是这些海贝挖掘泥沙的有力工具。埋栖越深的海贝，足部就越发达，如刀蛏；相反，埋栖浅者足部欠发达，如毛蚶、文蛤、菲律宾蛤仔等。

体形：一般而言，埋栖较深的海贝，体形显得很细长，如蛏类中的大竹蛏和长竹蛏。这些海贝的体长是体宽的几倍，这样细长的体形利于它们上下活动，进行呼吸与取食。与此相反，埋栖较浅的海贝，体形宽短，如文蛤、对角蛤等。

水管：水管是随着埋栖生活的习性而发达起来的，埋栖比较深的种类水管通常都比较长，并具有很好的伸缩性，如缢蛏；而埋栖比较浅的种类水管一般比较短或已退化，如毛蚶、泥蚶等。

贝壳：埋栖深的海贝，贝壳往往比较薄，且光滑；而埋栖浅的海贝，贝壳则比较厚。一方面，这与防御敌害有一定的关系。埋栖越深的海贝，受伤害的机会越小，光滑一点、薄一点的贝壳足以满足生存需要；相反，埋栖越浅的海贝，受伤害机会较多，贝壳厚实一点，才能更好地存活下来。另一方面，那些埋栖较深的海贝，为了呼吸与取食需要，通常会进行上下较长距离的移动，壳薄自然更轻便，而埋栖较浅的海贝则几乎没有这种困扰。

● 菲律宾蛤仔

● 对角蛤

● 缢蛏

● 毛蚶

**趣·味·贴·士**

**奇特的角贝**

角贝属于掘足纲，足近似为圆锥形，末端有两个翼状侧叶。角贝同样营埋栖生活，它们用圆锥形的足掘泥斜埋于泥沙中，顶端露出泥沙。掘足纲海贝全部生活在海中，从潮间带至浅海或上千米水深的沙质、泥沙质海底均有栖息。在我国南北沿海皆有分布，目前已发现50余种。

● 角贝

不同的埋栖生活的海贝，对泥沙也有不同的要求，对泥和沙的比例有不同的选择。有的埋栖生活的海贝喜欢在泥多一些的泥沙或沙砾质海底生活，如菲律宾蛤仔；有的喜欢待在含泥量较少的细沙滩，如中国蛤蜊和四角蛤蜊；有些蚶类则偏爱含泥量较多的地方，如泥蚶；而帘蛤类则似乎更中意泥沙比例适中的海底。总体而言，埋栖于泥质海滩的种类比埋栖于沙质海滩的种类更适应混浊的海水，而埋栖生活的海贝对混浊海水的适应力比其他生活型的海贝要强。

● 泥蚶

● 菲律宾蛤仔生态图

● 荚蛏生态图

## 名 片 夹

### 魁蚶

**产　地**：渤海、黄海、东海

**栖息地**：浅海软泥或泥沙质海底

**简　介**：俗称赤贝，为黄渤海常见种，尤其以黄海产量大；肉鲜美可供食用，具有较大的经济价值。

### 加州扁鸟蛤

**产　地**：黄海

**栖息地**：浅海泥沙质海底

**简　介**：俗称鸟贝，典型的冷水性海贝种类。本种广泛分布于北太平洋，肉可供食用，为经济性贝类之一。

### 中国蛤蜊

**产　地**：辽宁至福建、台湾海域

**栖息地**：潮间带至浅海沙或细沙质滩涂

**简　介**：本种为我国北部沿海的常见种，在黄海北部的丹东所发现的标本个体特别大。肉鲜美可供食用，俗称黄蚬子，具有较大的经济价值。在我国台湾称作中国马珂蛤。

### 四角蛤蜊

**产　地**：辽宁至广东沿海

**栖息地**：潮间带中、低潮区泥沙或砾石质滩涂

**简　介**：本种在我国北部沿海产量巨大，尤其喜爱群聚在河口附近的泥沙滩上。肉可鲜食，或者干制，俗称白蚬子或白蚶，是一种物美价廉的海产品。在我国台湾称作方形马珂蛤。

### 大竹蛏
**产　地：** 全国沿海
**栖息地：** 潮间带中下区至浅海细沙或泥沙质滩涂
**简　介：** 本种分布广泛，盛产于黄海北部。其肉大而质嫩，具有较高的食用价值，是一种名贵的海味珍品。

### 同心蛤
**产　地：** 台湾、海南等海域
**栖息地：** 浅海泥沙质海底
**简　介：** 本种为典型的暖水性种类，肉可以食用，贝壳造型美观，可供收藏观赏。在我国台湾称作绵羊角同心蛤。

### 短文蛤
**产　地：** 全国沿海
**栖息地：** 河口附近的低潮区至浅海沙质海底
**简　介：** 本种主要分布于长江以北沿海，在北方市场上销售的文蛤多为此种。肉极鲜美，曾经被誉为"天下第一鲜"，贝壳美丽可供观赏；经济价值巨大，已经广泛开展人工养殖。

### 青蛤
**产　地：** 全国沿海
**栖息地：** 潮间带泥沙或沙质海底
**简　介：** 本种常见于黄渤海。肉鲜美可供食用，已经广泛开展人工养殖，颇具经济效益。

**日本镜蛤**

**产　地：** 全国沿海

**栖息地：** 潮间带至浅海泥沙或沙质海底

**简　介：** 本种分布较为广泛，尤其多产于冷水海域。肉可供食用，常见于北方市场，具有一定的经济价值。

**棕带仙女蛤**

**产　地：** 台湾、广东、海南等海域

**栖息地：** 潮间带至浅海沙质海底

**简　介：** 本种为典型的暖水性种类，肉鲜美可食用，贝壳美丽，可供收藏观赏。在我国台湾称作仙女长文蛤。

**散纹小樱蛤**

**产　地：** 台湾、海南等海域

**栖息地：** 浅海沙或者泥沙质海底

**水　深：** 20～40米

**简　介：** 本种为典型的暖水性种类，广泛分布于热带太平洋；贝壳花纹漂亮，造型美观，可供收藏观赏。在我国台湾称作日光樱蛤。

**大杓蛤**

**产　地：** 东海、台湾海域

**栖息地：** 深海300～500米的软泥质海底

**简　介：** 本种为栖水较深的双壳类海贝，罕见且难以获得，在我国仅分布于东海；贝壳造型奇特，可供收藏观赏。

# 从不停歇的开凿师
## ——凿穴生活的海贝

　　20世纪50年代初我国沿海的一大批港口陆续兴建。1953年，天津塘沽新港的建设者们发现石灰筑成的防波堤被穿凿出许多很深的洞穴，始作俑者是一种小型海贝。随即，贝类学家张玺先生和同事们对这种小型海贝的种类、生活习性、环境状况进行了全方位的调查研究，发现这是一种属于双壳纲海笋科的贝类。中文名叫作吉村马特海笋，是一种凿穴生活的海贝。

● 海笋

## 小小海笋善凿石

海笋属于双壳纲海笋科，它与其他双壳纲海贝不同的是有副壳，而且壳薄，前后都有开口。这类海贝有的潜入泥沙中生活，有的生活在风化的岩石中，有的凿穴进入坚硬的岩石或珊瑚礁中，也有的生活在木材中。它们是怎样开凿岩石和木材的呢？人们很早就注意到海笋凿穴，但由于这种海贝生长在岩石或坚硬的物体里面，它的活动情形不容易观察到，所以很难确定它是怎样钻凿穴的。一部分学者认为它是用机械的方法，也就是用足和贝壳钻磨岩石；也有人认为它是用化学的方法，也就是由足部分泌一种酸性液体侵蚀岩石；还有人认为是上述两种方式并用来开凿岩石。

● 海笋凿石

　　目前大多数学者偏向于两种方式并用这种观点，并结合海笋的生长过程这样解释海笋开凿岩石的过程：海笋若想生长发育，需要不断地凿石，而石头如此坚硬，它们只有用自身特殊的秘密武器才能开凿——它们的足能分泌一种酸性液体，这种液体可以在一定程度上腐蚀岩石，使岩石变得酥软；岩石酥软之后，它们便用足和水管作为支撑，利用壳上像锯一样的齿纹，不断地摩擦石面，钻成洞穴。海笋不仅凿石本领强大，繁殖能力也很惊人，加上它们成群生活在一起，所以许多岩石被它们钻得像蜂窝一样。

　　一座石灰岩建成的防波堤，如果有海笋居住其中，虽然外表上看不出什么痕迹，敲开其中一块石头，就能看到海笋的"杰作"——密密麻麻的椭圆形洞穴。据资料记载，在防波堤一块长约35厘米、宽约20厘米、高约30厘米的石块中，就曾找到过近50个凿穴生活在其中的海笋，以及一些海笋的空壳。可想而知，它们这种凿石的行为，会对海港码头上的一些建筑造成破坏。不过，实验表明，它们只能穿凿石灰岩，不能穿凿花岗岩。因此，为了防止海笋破坏，港口建筑和防波堤应该以花岗岩为材料。

● **海笋凿石示意图**

**趣·味·贴·士**

**海笋中的"天使之翼"**

海笋除了可以食用，有的还造型美观，可供收藏欣赏，如天使之翼海笋。它分布于大西洋沿岸，从美国至巴西都有它的踪迹，在我国台湾称作天使之翼海鸥蛤。贝壳几乎为全白色，有时有粉红的色调。壳薄易碎，为半透明的羽毛状，深受贝类收藏爱好者的喜爱。

● 天使之翼海笋

海笋科的这些海贝虽然给人类生活带来了诸多不便，但它们中有很多种类是美味的海鲜，如产于我国北方沿海的大沽全海笋、宽壳全海笋，产于我国南方的马尼拉全海笋。这些海笋个体往往很大，肉质细嫩，营养丰富，食用价值很高，都是重要的经济贝类。

## 穿凿对象各不同

总体而言，凿穴生活的海贝一般都有可以伸出穴口的发达的水管，以便于摄食和呼吸，一般不再需要厚的贝壳来保护身体，因而贝壳多薄且易碎，而且不能完全覆盖身体。这类海贝通常在结束幼虫浮游期后，找到适合生存的地方就开始凿穴，一旦定居终生不再移动，它们将身体完全隐藏在洞穴内，表面仅留有很小的孔洞，由水管与外界相通，不注意观察的话，有时你甚至很难发现它们。

不过，凿穴生活的海贝也有不同的地方：它们有的在岩石中凿穴，有的在珊瑚礁上凿穴，也有的在海中或码头的木质建筑或木制渔船上凿穴，然后在这种环境中穴居生活和繁殖后代。根据穿凿对象的不同，凿穴生活的海贝大致分为以下两类。

### 穿凿岩石、珊瑚、硬泥者

这一类海贝是双壳纲中的贻贝科（石蜐）、开腹蛤科、住石蛤科、钻岩蛤科、海笋科中的部分成员。其被穿凿的对象也各有不同，如石蜐常穿凿珊瑚，偶尔也穿凿软性石灰岩或风化的岩石，还会出现在碎砾、大型牡蛎或者海菊蛤的壳上；钻岩蛤有时不穿凿岩石，而是用足丝附在岩石上生活；海笋科中，吉村马特海笋穿凿石灰岩，而且繁殖力强大，可将岩石钻成蜂窝状，而马尼拉全海笋既可以生活在岩石中，也可以在硬泥滩中穴居生活。

● 珊瑚礁中的石蛏

● 石蛏穿凿珊瑚礁

### 凿木穴居者

这一类海贝主要是双壳纲船蛆科和海笋科马特海笋属中的海贝。船蛆凿木不仅是为了居住，还可以利用一部分木屑作为食料；而马特海笋则仅为居住于木材之中，不以木屑为食。这一类海贝往往对人类生产生活具有很大的危害性。

● 船蛆

● 马特海笋

## 钻木高手船蛆

当港口建设者们还在为海笋发愁的时候，一些码头又莫名其妙地出现了垮塌现象，因为那些支撑码头的木桩断裂了，而始作俑者正是另外一种凿穴生活的海贝。与在岩石中生活的海笋不同，这种海贝偏爱生活在木质建筑物中，它们的名字叫作船蛆，也称作"凿船者"或者"凿船贝"。船蛆是凿木穴居的海贝的一大代表。

由于长期生活在木材中，与其他双壳纲海贝相比，船蛆的形态发生了明显的变化。它们的壳很小，左、右两壳大小相等。前、后端开口。贝壳表面明显分为前、中、后三区。船蛆的身体很长，呈蠕虫形，仅前端小部分有壳覆盖，后面大部分则是由一个薄石灰质管覆盖。它们的足部略小，呈圆柱状。两水管极长，基部并在一起，末端分离，其两侧各有一个石灰质的铠。铠的底部为一长柄，末端为铠片。铠片是由一个或多个石灰质的杯状体构成的器官，也是保护它们身体不受伤害的防御性武器。

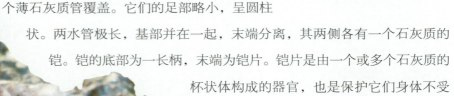

—— 铠 ——

贝壳

● 船蛆构造图

● 船蛆

船蛆幼体时就可以钻入木材，并随着身体的增长逐渐深入。遇到码头的木桩或者海上的木船等木质物体后，船蛆就附着其上，开始不断地钻木，终生不再移出，一直到把木材蛀光为止。它钻入木材后靠两个水管与外界相通，活动时两个水管从木材表面的洞口伸出，所需要的食料和新鲜海水从鳃水管流入体内，体内的废水和排泄物从肛门水管排出体外。当它受到侵袭或外界条件不适应时，便将水管迅速收回，同时伸出铠片，完全堵塞与外界相通的小孔，以此来躲避敌害。

● 船蛆凿木示意图

● 船蛆

某些种类的船蛆繁殖能力非常惊人，一次能产数百万颗卵，其中很多都会成功孵化，加上它们钻木本领强，其对海洋中的木船、木制网具和养殖器材、码头和堤岸等含有木质成分的建筑物的危害可想而知。古代乘船远航的探险家，常因船只被船蛆损坏而遇难。据统计，1979年我国水产系统十万艘海洋木质渔船，被船蛆吃掉的木材近6万立方米，仅维

● 船蛆

● 正在凿木的船蛆

**趣·味·贴·士**

### 如何防治船蛆的危害

贝类学家通过对船蛆的生态习性、危害情况和沿海劳动人民对它的防除措施进行了全面的分析和总结：为了防止船蛆对木船的破坏，可以在船底涂上一些特定药物，或用火烤焦船底，或在船底钉上密密麻麻的铁钉或嵌入废铁片等；也可以根据船蛆只能生活在海洋中这一特点，把木船定期驶入淡水的河流中或拖上岸，几天后船蛆就会因为不适应环境而死掉。近年来，人们多把防腐剂压入木材中以防止船蛆的侵害，保护沿海的木质建筑，延长这些建筑的使用寿命。

除船蛆凿木穴居外，海笋科海贝中也有个别种类同样喜欢在木船和沿海港湾的木质建筑上凿穴生活，如马特海笋。

修费用就达2000万元以上。不过，据说在南美洲的阿根廷和秘鲁沿海，当地居民把船蛆当作食物，所以不要误以为船蛆只能给人类带来危害。

● 船蛆所凿之木

# 我国产的凿穴生活的海贝

## 光石蛏

**产　地**：台湾、海南等海域

**栖息地**：浅海珊瑚礁或石灰岩

**简　介**：本种虽然名字里有个"蛏"字，但与蛏类海贝毫无关系，而是属于贻贝科。肉鲜美可供食用，但往往需要敲破珊瑚礁，才能获取这种海贝，而此举不利于海洋生态保护，因此不建议大量采集。在我国台湾称作黑石蚵。

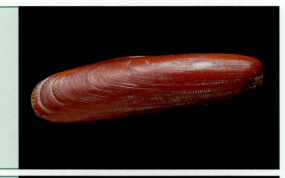

## 马尼拉全海笋

**产　地**：台湾、广东、海南等海域

**栖息地**：低潮带至浅海风化的岩石或石灰岩

**简　介**：本种在我国东部沿海产量很大。壳薄且易碎，其肉味非常鲜美，被广泛采集和食用，为经济性贝类。

## 东方海笋

**产　地**：台湾、海南等海域

**栖息地**：浅海泥沙

**简　介**：本种肉可供食用，壳美丽可供收藏观赏。值得一提的是，市场上很多贝壳商贩用此种来冒充著名的天使之翼海笋，其实二者在形态上有明显区别，仔细观察的话，比较容易分辨。在我国台湾称作东方海鸥蛤。

## 裂铠船蛆

**产　地**：广东、广西、海南等海域

**栖息地**：海中停泊的木船或码头木质建筑物

**简　介**：本种船蛆属于热带和亚热带种。它们对海中的木质建筑物和船舶危害极大，是海贝大家族中为数不多的对人类的生产生活起到负面作用的成员。

# 自私自利的寄生者
## ——寄生生活的海贝

  每当潮水退去，常会有一些海星或海胆暴露在潮间带的海滩上或水洼中，如果细心观察，也许会发现它们身上攀附着一些微型的小海螺。这些小海螺通常螺旋部较高，表面光洁如瓷，被称为光螺，在我国台湾被形象地称为瓷螺。它们寄生在上述棘皮动物身上，吸食它们的组织或体液，营寄生生活。

## 寄生类型不同

所谓寄生，就是两种生物生活在一起，一方受益，另一方由于对方的存在而受害。前者生活在后者（宿主）的体内或体表上，后者给前者提供营养物质和生活场所，前者的生存方式就称为寄生。通常是寄生者一旦离开宿主将不能正常生存。由此可见，寄生生活是一种建立在损害宿主基础上的生存方式。

即便同为寄生生活，海贝的寄生状态也不尽相同。按照生活类型，它们大体上可以分为两类：一类是完全营宿生生活的专性寄生海贝，它们完全依靠宿主来获取营养，几乎很少活动，甚至终生不离开宿主，如某些光螺和珊瑚寄生螺；另一类是不完全营寄生生活的兼性寄生海贝，也就是半寄生，它们在生活中一部分是依靠宿主来获取营养，但同时也可以营自由生活，即靠爬行来获取食物，如某些梭螺和梯螺。

● 寄生在海星上的光螺

● 光螺寄生在海星上

**趣·味·贴·士**

**形状多变的珊瑚寄生螺**

珊瑚寄生螺属于宝贝总科，种类很少，目前在我国仅发现一种。它们经常寄生在珊瑚枝杈上，以珊瑚虫为食。与一般宝贝或梭螺的形状不同，由于寄生生活的特殊性，这种海贝的形状常随着生态环境和宿主珊瑚的形状而变化。

● 珊瑚寄生螺

除了完全营寄生生活的光螺之外，如果你能潜到水下近距离地观赏美丽的"水下城堡"——珊瑚礁的话，就会发现另一类小型海贝——它们的壳通常是两端尖、中部膨大呈梭形，就像传统织布机上的梭子一样，这一类海贝被称为梭螺。梭螺也属于宝贝总科，但与营爬行生活的宝贝科不同，梭螺科中有一些种类喜欢栖息在珊瑚上营半寄生生活。

## 生活方式多样

除了生活类型不同之外，按照宿主的不同，寄生生活的海贝也往往表现出多样的生存方式。

**光螺与海星**

光洁如瓷的光螺常常会寄生在海星的腕足或背部之上。与其他腹足纲海贝不同，它们没有明显的齿舌，而是用吸盘似的足紧紧贴在海星上，甚至在海星的腕足或背上钻开小洞。它们不仅以这些地方为家，还会蚕食海星的软组织、吸取海星的体液。虽然光螺对海星造成了一定程度的侵害，但海星却并没有因这些海贝的寄生而行动受阻或者死亡，依旧能正常生存。

● 光螺寄生图

● 光螺

### 梯螺与海葵

　　梯螺往往寄生在海葵的根部。海葵是一种刺胞动物，它们看似美丽，实则有强大的攻击性，可以赶走侵害梯螺的一些鱼类或者蟹类，为梯螺提供合适的避难所。这些梯螺可不只是在海葵身上寻求庇护，它们还会以海葵为食。

### 梭螺与珊瑚

构造精巧、形态迷人的梭螺科海贝常常栖息在柳珊瑚或软珊瑚的基部和枝杈上，附着不动或缓缓爬行，并以珊瑚虫、海绵或小型甲壳类动物为食，进行繁衍生息。而对于珊瑚而言，这些海贝的栖息和蚕食使它们的生长发育和繁殖都受到一定影响。更有甚者，有些珊瑚会因为营养被过度汲取而消瘦甚至死亡。

有趣的是，随着栖息环境和珊瑚颜色的不同，梭螺科海贝的外套膜颜色会发生变化。这种行为被称为"拟态"，目的就是为了避免敌害的侵扰。

●梭螺会随珊瑚颜色的变化而变化

# 我国产的寄生生活的海贝

### 宽带梯螺

**产　地**：全国沿海

**栖息地**：浅海泥沙质海底

**简　介**：本种曾被认为仅分布于山东以南沿海，后来在北戴河、大连等地沿海均有发现。常寄生于海葵根部。壳小巧精致，可供收藏观赏。在我国台湾称作克氏海蛳螺。

### 大光螺

**产　地**：台湾、海南等海域

**栖息地**：潮间带至浅海沙质海底

**简　介**：本种为典型的暖水性种类，常寄生于海星上。壳小，但非常精致，光洁如瓷，可供收藏观赏。

### 马氏光螺

**产　地**：台湾、广东、海南等海域

**栖息地**：潮间带至浅海沙质海底

**简　介**：本种为暖水种类，常寄生于海星或海胆上。壳美丽，光洁如瓷，可供观赏。在我国台湾称作马丁瓷螺。

### 瓮螺

**产　地**：台湾、海南等海域

**栖息地**：潮下带浅海珊瑚礁海底

**简　介**：本种为热带种类，常栖息于肉芝软珊瑚上。壳美丽可供观赏，因产量较大，常用作工艺品原料。在我国台湾称作玉兔螺。

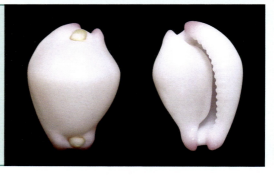

### 龙种前凹梭螺

**产　地**：台湾、海南等海域
**栖息地**：潮下带浅海珊瑚礁海底
**简　介**：本种为热带种类，常栖息于珊瑚枝杈上。壳造型美观，且较为知名，可供收藏观赏。在我国台湾称作龙种海兔螺。

### 波部尖梭螺

**产　地**：台湾海域
**栖息地**：潮下带至稍深的海底
**简　介**：本种通常栖水较深，常栖息于柳珊瑚的枝杈上。壳十分精致，因微小而很难获得标本，故较为罕见，可供收藏观赏。

### 长管刺梭螺

**产　地**：东海、南海
**栖息地**：潮下带至稍深的海底
**简　介**：本种为暖水性种类，常栖息于软珊瑚上。壳精致，造型美观，可供收藏观赏。在我国台湾称作独木舟菱角螺。

### 玫瑰骗梭螺

**产　地**：台湾、海南等海域
**栖息地**：潮下带浅海柳珊瑚
**简　介**：本种常栖息于柳珊瑚上。壳精致，颜色鲜艳，可供收藏观赏。在我国台湾称作玫瑰菱角螺。

# 互相依存的小伙伴
## ——共生生活的海贝

　　海贝与其他生物一起生存，除寄生之外，还有共生生活。所谓共生，是指两个生物共同生活在一起，互相依赖，一旦分开，各自都不能独立生存。共生的海贝有两大分支，一支是海贝与其他生物互惠互利，即互惠共生；另一支则是共生的两者中有一方从另外一方获利，而获利的一方并没有对另外一方造成损害，即共栖或偏利共生。

## 互惠共生的贝与藻

一般而言，海贝都是主动去寻觅食物的。但是，神奇的海贝大家族中，总是有一些海贝"特立独行"，砗磲便是其中一员。

如果你有机会到我国的海南岛、西沙群岛等地潜水的话，会发现珊瑚礁中生活着一些大型双壳类海贝，它们的名字叫作砗磲。砗磲是海贝家族中的"巨人"，据资料记载，它们中最大的标本长度超过了1.5米。虽然砗磲看上去与其他双壳类海贝一样，以足丝附着在珊瑚礁上静静地生活，靠流经体内的海水把食物带进来，但单纯依靠这种方式所获得的补给比较有限，无法满足这种大型海贝的需要，因此它们需要另辟蹊径。除了"守株待兔"之外，砗磲还有在自己的壳里种植食物的本领。砗磲的外套膜很发达，膜内生活着大量的虫黄藻，砗磲借助膜内玻璃体聚光，使虫黄藻通过光合作用为自身供给丰富的营养。

● 砗磲与虫黄藻共生

　　砗磲与虫黄藻实为共生，彼此相互依存、互惠互利。一方面，虫黄藻可以借砗磲外套膜提供的光线和代谢产物中的二氧化碳等进行光合作用，充分繁衍生息；另一方面，虫黄藻光合作用的产物可以被砗磲利用。可见，砗磲之所以能成为海贝中的"巨人"，虫黄藻功不可没，这种贝藻依存的特殊关系被称为互惠共生。

 **趣·味·贴·士**

### "巨人"砗磲用途广

　　在菲律宾、巴布亚新几内亚等岛国，沿海居民会用砗磲巨大的壳给婴儿当洗澡盆；这种贝壳还可以做成各种器皿或其他生活用具；如今，这种贝壳还常用来进行工艺品制作。不仅如此，它们还是佛教中公认的"七宝"之一，被认为具有祛邪避凶的神力。

● 砗磲制成的工艺品

## 共栖的蛤与虾

在黄渤海，有一种生活在潮间带低潮线附近及浅海泥沙中的甲壳类动物叫作大蝼蛄虾，它们通常栖息在风平浪静的海湾中，营穴居生活。当你捕捉到大蝼蛄虾之后，仔细观察它们的腹面，偶尔会发现一种小型海贝攀附在大蝼蛄虾的胸足之间或腹部之上。不过，这种小型海贝并不属于附着生活，也不属于寄生生活，而是与大蝼蛄虾共栖生活。

与大蝼蛄虾共栖的小型海贝，在共栖过程中获取了它们所需要的养料和固定的

五彩斑斓的砗磲

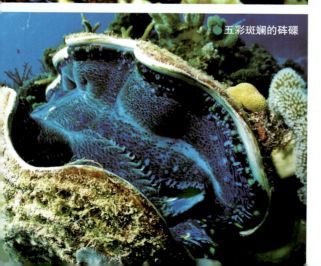

● 大蝼蛄虾与大岛恋蛤

大岛恋蛤

大蝼蛄虾

生存空间，得以繁衍生息，但是大蝼蛄虾却几乎没有从这种海贝身上得到任何好处。事实上，这种共栖生活对恋蛤有利，而对大蝼蛄虾也无害。

这种小型海贝的名字值得一提，它叫作大岛恋蛤，这一名字与它们的习性息息相关。从字面上看，"恋"字是不舍弃、不分开的意思，这种海贝被称作"恋蛤"也是因为它们这种与大蝼虾蛄共栖的独特生存方式的缘故。

● 蛤与虾共栖

● 海牛与海藻

● 海贝与海绵

## 有待探秘

**它们真的是共生生活吗？**

有资料记载，海贝家族中还存在一些营共生生活的种类，比如后鳃类的海牛。这些没有石灰质贝壳的海贝同样也会利用海藻的光合作用，为自己补充一定的食物，而且，海藻为海牛提供了一身便于伪装的"迷彩服"，使得它们免遭敌害的攻击。与此同时，海藻得以在海牛的身体上大量繁育。

不过，学术界对此有着不同的声音。国外有一些学者通过观察和研究一些海牛种类，发现它们的叶绿素是自己制造的，而非通过海藻来获得。而且他们在海牛的体内发现了有关光合作用的基因，这种本该属于海藻的基因也存在于尚未孵化的小海牛体内，而这些小海牛显然还从来没有吃过藻类。然而，另外一些学者则认为这些实验具备偶然性，不足以证明海牛与海藻并非共生。所以说，海牛与海藻是否真的是共生生活，还有待于进一步研究。

**共生生活还是寄生生活？**

据相关资料记载，海绵中也有一些共生生活的海贝，如双壳纲的锯齿蛤和单韧穴蛤。这些海贝几乎终生生存于海绵之中，它们借助海绵的保护，免遭敌害的捕食，同时自身的新陈代谢也为海绵提供了生活中所需的养料。但是，现今无法证明这些海贝是否会侵害对方，所以无法定性为属于共生生活还是寄生生活。

海贝的生存术当真神奇，如此多种多样、千变万化，有那么多奥秘等待我们进一步探索发现。

### 番红砗磲

产　地：台湾、海南海域

栖息地：浅海珊瑚礁

简　介：壳呈卵形，表面具有宽而低平的放射肋，肋上有薄的鳞片。壳面颜色多种多样，有黄色、红色、白色等，鳞片不发达。肉可以食用，壳可供观赏。在我国台湾称作圆砗磲蛤。

### 大砗磲

产　地：台湾、海南海域

栖息地：浅海珊瑚礁

简　介：本种为海贝家族中体形最大的一种，壳大而重厚，壳长可达1.5米左右，壳面呈灰白色，放射肋发达，有4～6条。壳可供观赏。在我国台湾称作巨砗磲蛤，别名也叫作库氏砗磲。

### 长砗磲

产　地：台湾、海南海域

栖息地：浅海珊瑚礁

简　介：壳前端长，后端短。壳面黄白色，有5～6条粗壮的放射肋，肋上有发达的鳞片。本种尺寸较大，最大可达30厘米，较长的体形显示出本种与其他种类的区别。肉可以食用，壳可供观赏。在我国台湾称作长砗磲蛤。

### 鳞砗磲

产　地：台湾、海南海域

栖息地：潮间带珊瑚礁

简　介：本种贝壳最大可达25厘米。壳十分美丽，壳面颜色多为黄白色或略带粉色，有4～6条强大的放射肋，肋上鳞片突起而发达。肉可以食用，壳可供观赏。在我国台湾称作鳞砗磲蛤。

# 灵活敏捷的游泳者
## ——游泳生活的海贝

　　每当春季来临，黄海沿岸的渔民们都会把握时机捕捞一种会游泳的海贝，商贩们形象地将之称为笔管鱼。笔管鱼鲜美的味道，足以媲美虾蟹，更是跻身于黄海地区重要的经济头足类，它的庐山真面目究竟是什么样子呢？

● 游泳的枪乌贼

## 快慢自如的日本枪乌贼

　　笔管鱼实际上也是海贝大家族的一分子。它的中文规范学名叫作日本枪乌贼，身体细长，很像笔管，所以俗称为笔管蛸或笔管鱼。它体型较小，体表具有大小相间的色素斑。

● 市场上出售的日本枪乌贼

　　日本枪乌贼称得上是海贝家族中的游泳健将。在海中，日本枪乌贼的速度可快可慢，尽在掌握之中。它在快速游动时，鳍部紧贴身体，使身体成为流线型，然后通过漏斗的喷水作用推动身体快速游动，不过这种高速的运动一般只在捕食及逃避敌害时才会用到。平时游泳的时候，日本枪乌贼鳍部张开，主要起到平衡身体的作用。

　　春季是日本枪乌贼的繁殖季节，每到这个季节，它们会成群结队在海中游泳并进行交配。渔民们根据这一特点进行捕捞，每次都会有不错的收获。其实，海贝家族中灵活敏捷的游泳者不仅仅日本枪乌贼这一种，很多头足纲的贝类都具有相当强大的游泳能力。

● 头足纲示意图

## 波浪海流全不怕

　　头足纲是海贝大家族中进化最完善、最高级的一个纲，它们因足特化成腕，环列于头部的口周围而得名。目前头足纲已知的种类全部生活在海中，广泛分布于浅海和深海。它们具有很强的游泳能力，能够抵抗波浪和海流而进行自由游泳。有不少头足类善于做快速或长距离的游泳，如枪乌贼和柔鱼。除此之外，还有一些头足纲海贝，虽然它们主要是营爬行生活，却同样会利用自身独特的身体结构做短距离的游泳，如鹦鹉螺以及章鱼。

● 游泳的头足纲海贝

● 枪乌贼

　　虽然游泳的类型不同，但它们也有一些相同之处。它们游泳主要是靠"喷射"产生的动力，这是头足纲海贝特有的运动方式。就拿日本枪乌贼来说，喷射游泳主要是靠它们的外套膜和漏斗的肌肉来完成。当它们的外套膜开口打开时，海水进入，而后外套膜内壁与漏斗上的闭锁软骨接合，外套膜环肌收缩，水压增加，海水便由漏斗喷出，日本枪乌贼得到反作用力的推进，就能快速移动。漏斗开口的方向可以前后调整，不管是向前追捕猎物或是向后躲避敌人都能随心所欲，使日本枪乌贼成为海贝中的游泳高手。

　　此外，一些大型枪乌贼有时还会突然跃出海面，在海面上做短暂的滑行。这是因为它们的外套膜两侧有一对鳍，在游泳过程中可以靠鳍类似划桨的作用帮助身体向前推进，同时用来保持平衡。在突然加速或者运行速度非常大的情况下，这对鳍会产生向上的较大冲击力，从而使这些大型枪乌贼跃出水面。

## 柔鱼不是"鱼"

蔚蓝的海洋孕育了很多种行动敏捷的鱼类。但是，不是所有名字中带有"鱼"字的都是鱼，譬如柔鱼。

柔鱼其实是一种头足纲海贝，又称鱿鱼。名字中之所以有个"鱼"字，跟它们营游泳生活的生存方式有关。柔鱼的身体结构与那些具有外壳的海贝相比，存在明显的差异。柔

● 跃出水面的柔鱼

鱼的头位于身体的前端，内脏囊位于身体后端，原来位于海贝背面的外套膜出现了肌肉层，而位于海贝身体腹面的足也随体轴的改变向前移动。足的一部分构成了头部的触手，一部分特化成躯干前端腹面的漏斗，其后端与外套膜游离的腹缘连接后成为外套腔的出水口。

● 游泳的柔鱼

与日本枪乌贼类似，柔鱼也是通过喷射作用进行快速运动，因此头部与外套膜连接处的肌肉比其他头足纲海贝更为强韧，以便支撑喷水时的强大水压。同时，柔鱼演化出了巨大的神经索来精准调控快速的运动。另外，柔鱼还拥有和鱼的侧线一样的构造，

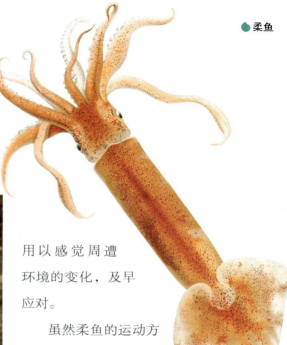

● 柔鱼

用以感觉周遭环境的变化，及早应对。

虽然柔鱼的运动方式较鱼类多样且拥有许多与鱼类类似的感觉构造，但因为鱼类属于脊椎动物，而柔鱼属于无脊椎动物中的海贝，二者存在本质的差异。

### 趣·味·贴·士

**世界上最大的软体动物**

据资料记载，大王乌贼是世界上已知最大的无脊椎动物之一，被发现的最大的个体长达20米。它们通常栖息在深海，主要分布于太平洋北部和大西洋北部。它们也是在深海中营游泳生活，白天栖息在深海中休憩，晚上游到浅海处觅食。它们多以鱼类或者其他头足纲海贝为食，能在昏暗的环境中捕捉到猎物。

● 大王乌贼

## 名片夹

### 太平洋褶柔鱼

**产　地：** 黄海、东海、南海

**栖息地：** 泥沙或碎石质海底；大洋性种类，通常从表面层至水深300米左右垂直活动

**简　介：** 本种因体型大、肉味鲜美而被广泛食用；为我国东部沿海重要的捕捞对象，具有很大的经济价值。

### 金乌贼

**产　地：** 全国沿海

**栖息地：** 砾石或富有海藻的硬质海底；浅海中下层生活，夜晚上浮于海水中上层

**简　介：** 本种就是原为我国海洋四大经济鱼类的墨鱼，尤以黄海、渤海产量较多，肉味鲜美，可鲜食或干制；其内壳可入药，名为海螵蛸。

### 针乌贼

**产　地：** 渤海、黄海、东海

**栖息地：** 近岸性生活，夜晚上浮于海水中上层

**简　介：** 本种体型较小，生活于近海水域，有群集性。每年4月份向沿海洄游进行生殖，渔民根据这一规律在海边设网捕捉。肉可供食用。

### 日本枪乌贼

**产　地：** 渤海、黄海、东海

**栖息地：** 浅海性生活，有一定范围地垂直活动，昼深夜浅，夜晚上浮于海水中上层

**简　介：** 俗称笔管鱼，内壳薄而透明，呈羽毛状；以黄海产量居多，为重要的经济性种类。

《海贝生存术》已近尾声，你心中的疑问是否已经得到解答？又是否激起了你对海贝生存方面进一步探究的兴趣？作为海洋生物大家族中的一员，海贝同样拥有数不尽的奥秘。如果你仍然好奇，不妨以科学为底，以想象为翼，探究更多海贝的奥秘。

**图书在版编目（CIP）数据**

海贝生存术 ／ 魏建功主编. —青岛：中国海洋大
学出版社，2015.5 （2018.3重印）
（神奇的海贝 ／ 张素萍总主编）
ISBN 978-7-5670-0842-7

Ⅰ.①海… Ⅱ.①魏… Ⅲ.①贝类－普及读物 Ⅳ.
①Q959.215-49

中国版本图书馆CIP数据核字（2015）第043232号

## 海贝生存术

| | | | | |
|---|---|---|---|---|
| 出 版 人 | 杨立敏 | | | |
| 出版发行 | 中国海洋大学出版社有限公司 | | | |
| 社 址 | 青岛市香港东路23号 | | | |
| 网 址 | http://www.ouc-press.com | 邮政编码 | 266071 | |
| 责任编辑 | 吴欣欣 电话 0532-85901092 | 电子信箱 | wuxinxin0532@126.com | |
| 印 制 | 青岛正商印刷有限公司 | 订购电话 | 0532-82032573（传真） | |
| 版 次 | 2015年5月第1版 | 印 次 | 2018年3月第2次印刷 | |
| 成品尺寸 | 185mm×225mm | 印 张 | 7.75 | |
| 字 数 | 62千 | 定 价 | 24.00元 | |

发现印装质量问题，请致电18661627679，由印刷厂负责调换。

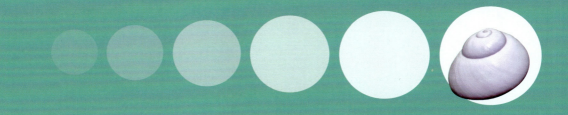